Inhalt

Geschichtliches

Der Skalar oder Segelflosser zählt nicht nur zu den am längsten bekannten südamerikanischen Fischarten, sondern ist auch einer der ältesten Aquariumfische, denn in Deutschland wird er, wie den zeitgenössischen Aquariumzeitschriften zu entnehmen ist, nun schon seit etwa neunzig Jahren von Liebhabern gepflegt und gezüchtet. Der erste Hinweis, der sich auf diese Fischart in der Literatur findet, ist in einem Katalog von 1823 enthalten. Damals veröffentlichte der Zoologieprofessor und Direktor des Zoologischen Museums der Königlichen Universität zu Berlin Hinrich Martin LICHTENSTEIN ein Verzeichnis von Präparaten, die in der Sammlung des Museums mehrmals vorhanden waren und deshalb zum Verkauf angeboten wurden. Unter der Katalognummer 197 beschreibt er in drei kurzen Zeilen einen Fisch aus Brasilien, den er *Zeus scalaris* nennt. Diese äußerst knappe Eintragung in den Katalog ist die wissenschaftliche Beschreibung des Skalars, der heute allerdings den wissenschaftlichen Namen *Pterophyllum scalare* trägt.

Durch die Verwendung des Gattungsnamens *Zeus* ordnete LICHTENSTEIN den Skalar in einen Verwandtschaftskreis von Meeresfischen ein, was aus heutiger Sicht natürlich falsch ist. Nur wenige Jahre später überführten dann die französischen Naturforscher CUVIER & VALENCIENNES im Jahre 1831 den Segelflosser in die Gattung *Platax*, die jedoch ebenfalls ausschließlich marine Fische enthält. Der in Wien arbeitende berühmte Fischkundler Johann Jacob HECKEL beschrieb schließlich 1840 für die Segelflosser die noch heute gültige eigene Fischgattung, der er den Namen *Pterophyllum*, das heißt Flügelblatt, gab.

Als eines der Ergebnisse seiner Expedition nach Südamerika publizierte der französische Naturforscher CASTELNAU 1855 die Beschreibung eines zweiten Segelflossers, für den er den Namen *Plataxoides dumerilii* wählte. Bereits 1862 wurde der von ihm verwendete neue Gattungsname aber vom Ichthyologen GÜNTHER zum ungültigen Synonym erklärt. Schließlich veröffentlichte der Franzose PELLEGRIN 1903 die wissenschaftliche Beschreibung einer dritten Art, die er *Pterophyllum altum* nannte.

Die vermutlich erste Zeichnung des Skalars stammt aus der Feder des englischen Naturforschers Alfred Russel WALLACE, der von 1848 bis 1852 das Amazonasgebiet bereiste und von allen Fischen, die er am Rio Negro fand, Skizzen anfertigte, unter denen sich auch eine sehr naturgetreue Zeichnung des Skalars befindet. Eine weitere, außerordentlich sorgfältige und detailreiche Abbildung dieses Fisches publizierte der österreichische Fischkundler KNER 1862. Schließlich wurden auch

Pterophyllum dumerilii und Pterophyllum altum in den jeweiligen Beschreibungen durch Zeichnungen abgebildet.

Die ersten lebenden Segelflosser gelangten 1911 nach Europa. Es handelte sich um rund 25 Fische, die über Hamburg importiert und teils von Berufszüchtern, teils von Aquarianern, aber auch von Carl HAGENBECK für seinen Tierpark erworben wurden. In den nächsten Jahren gab es dann in rascher Folge weitere Importe dieser weiterhin seltenen, aber begehrten und äußerst kostbaren Fische. Für ein halbwüchsiges Paar verlangte man den für damalige Verhältnisse extrem hohen Preis von etwa 100 Mark, weshalb es sich nur wenige, wohlhabende Fischliebhaber leisten konnten, diese Rarität in ihrem Aquarium zu pflegen.

1914 gelang es einem Aquarianer in Hamburg, den Skalar erstmals im Aquarium erfolgreich zu vermehren. Obwohl sich in der Folgezeit sowohl Berufszüchter, als auch Aquarianer wegen des finanziellen Anreizes intensiv um die Vermehrung dieses Fisches bemühten, gab es

Wildfang von Pterophyllum scalare aus dem Rio Yanayacu im Norden Perus

chen Körperform auf den ersten Blick nicht unbedingt ansieht, sind sie echte Buntbarsche. Alle Mitglieder dieses Verwandtschaftskreises werden von den Ichthyologen in der Fischfamilie der Cichliden (Cichlidae) zusammengefasst, in der man gegenwärtig etwa 230 Gattungen unterscheidet. Innerhalb der großen Fischfamilie der Cichliden, die nach neueren Schätzungen über anderthalb Tausend Arten enthält, rechnen die Systematiker die Gattung *Pterophyllum*, der alle Segelflosser angehören, aufgrund morphologischer und anatomischer Ähnlichkeiten zum näheren Verwandtschaftskreis der nach den Gattungen *Heros* und *Heroina* benannten heroinen Buntbarsche, in dem sie mit den Flaggenbuntbarschen aus der Gattung *Mesonauta* und den Diskusfischen (Gattung *Symphysodon*) viele Gemeinsamkeiten verbinden.

Pterophyllum ist eine kleine Gattung mit nur wenigen Arten. Trotz ihrer Überschaubarkeit gilt sie zwar als aquaristisch gut bekannt, wissenschaftlich dagegen überraschenderweise als nur unzulänglich erforscht, was sich zum Beispiel daran erkennen lässt, dass die Ansichten der Systematiker darüber, wie viele Arten von Segelflossern es gibt, weit auseinandergehen, da in ihr je nach Autor zwischen nur zwei und fünf Arten unterschieden werden. In der letzten wichtigen Veröffentlichung zur Systematik

anfangs Probleme, und Zuchterfolge blieben eher die Ausnahme. Das änderte sich erst Anfang der 20er Jahre, in denen nach der durch den Krieg bedingten Unterbrechung auch wieder neue Importe erfolgten. Infolgedessen wurde in dieser Zeit der Kauf von Segelflossern wegen der fallenden Preise endlich auch für Normalaquarianer möglich.

Verwandtschaft

Obwohl man es den Segelflossern wegen ihrer ungewöhnli-

der Segelflosser (KULLANDER, 1986) werden in der Gattung *Pterophyllum* neben *P. scalare*, dem am längsten bekannten, von LICHTENSTEIN bereits 1823 beschriebenen Segelflosser, nur noch die beiden Arten *P. altum* und *P. leopoldi* geführt. Die in der aquaristischen Literatur häufig genannten Arten *Pterophyllum dumerilii* (CASTELNAU, 1855) und *Pterophyllum eimekei* AHL, 1928 werden von KULLANDER (1986) als Synonyme von *P. scalare* angesehen.

Auch ohne ichthyologische Vorkenntnisse lässt sich der Skalar von den anderen beiden Segelflossern, deren Status als gute Arten auch unter Fachleuten nicht umstritten ist, leicht unterscheiden. *Pterophyllum altum* wurde von PELLEGRIN 1903 aus den Fluss-Systemen des Rio Atabapo und des Orinoko beschrieben. Heute weiß man, dass sich die relativ begrenzte Verbreitung dieser Fische auf Gewässer im Grenzgebiet der drei Staaten Brasilien, Kolumbien und Venezuela erstreckt. Zu den artspezifischen Merkmalen des Hohen Segelflossers, wie er auch genannt wird, gehören ein erheblich höherer Körper, der im Aquarium 35 cm überschreiten kann, sowie erheblich breitere Querstreifen auf den Flanken, da nämlich im allgemeinen von den insgesamt sechs Streifen auch der zweite, der sich bis zum Ansatz der Bauchflossen erstreckt, und der vierte, der zum vorderen Rand der Afterflosse

verläuft, kräftig ausgebildet sind, während beim Skalar diese beiden Querstreifen nur andeutungsweise sichtbar sind, so dass meist nur der erste, dritte, fünfte und sechste hervortreten. Schließlich hat *Pterophyllum altum* 46 bis 48 Schuppen in einer Längsreihe, *Pterophyllum scalare* dagegen nur 30 bis 39.

Pterophyllum leopoldi wurde von GOSSE im Jahre 1963 unter Verwendung des ungültigen Gattungsnamens *Plataxoides* auf der Grundlage von 28 konser-

Bei Pterophyllum altum liegen auf den Flanken zwischen den dunklen Querbändern zwei zusätzliche Streifen

vierten Exemplaren beschrieben, die er ein Jahr früher zusammen mit König Leopold von Belgien etwa 90 km oberhalb von Manacapuru im Rio Solimões in Brasilien gefangen hatte. Zu den arttypischen Merkmalen dieses Segelflossers gehören – im Unterschied zu den beiden anderen Arten, die oberhalb des Auges im Bereich der Stirn eine deutliche Einbuchtung zeigen – ein gerades Stirnprofil sowie ein abweichendes Muster schwarzer Zeichnungen. Ferner verläuft das obere Ende der Augenbinde gerade und nicht bogenförmig in Richtung Rückenflosse. Zwischen der Augenbinde und dem ersten, kräftig ausgebildeten Querstreifen in der Körpermitte besitzt diese Art noch zwei weitere, nur auf die Rückenregion beschränkte derartige Zeichnungen. Schließlich gibt es noch einen auffälligen schwarzen Fleck, der in der Mitte der Flanken unmittelbar unter der Rückenflosse zwischen dem mittleren, dritten und dem fünften Querstreifen liegt. *Pterophyllum leopoldi* besitzt nur 27 bis 29 Schuppen in einer Längsreihe.

Pterophyllum dumerilii wurde bereits im Jahre 1855 von CASTELNAU auf der Grundlage von Exemplaren, die aus dem Amazonasgebiet im brasilianischen Bundesstaat Pará stammten, als *Plataxoides dumerilii* beschrieben. Obwohl der Status dieser Art bis in jüngste Zeit nicht umstritten war, stuft KULLANDER (1986) diesen Segelflosser als Synonym von *Pterophyllum scalare* ein, da sich nach seiner Ansicht beide Arten nur unvollkommen gegeneinander abgrenzen lassen. Eine wichtige Stütze seiner Argumentation bildet der Umstand, dass *Pterophyllum dumerilii* ebenso wie der Skalar im Bereich der Stirn oberhalb der Augen eine deutliche Einbuchtung aufweist.

Pterophyllum eimekei, der sogenannte Kleine Segelflosser oder Zwergskalar der Aquarianer, wurde 1928 von AHL anhand von Fischen beschrieben,

die 1924 angeblich aus dem Mündungsbereich des Rio Negro in den Rio Solimões mit einem Import von Aquariumfischen nach Deutschland gelangt waren (Paepke, 1979). Die Abgrenzung dieser Fische gegenüber dem Skalar erfolgte in erster Linie wegen ihrer geringeren Körpergröße sowie angeblich geringfügig kleinerer Zählwerte bei Schuppen und Flossenstrahlen. In der Folgezeit wurde diese von Anfang an recht umstrittene Artbeschreibung wegen der nicht eindeutigen Abgrenzung gegenüber *Pterophyllum scalare* als ein ungültiges Synonym des Skalars eingestuft.

Seit dem Erscheinen der letzten wichtige ichthyologischen Veröffentlichung über die Gattung *Pterophyllum* vor mehr als zwanzig Jahren (Kullander, 1986) ergaben sich zahlreiche neue, allerdings zumeist nicht publizierte Erkenntnisse über Segelflosser, die darauf hindeuten, daßss es in dieser Fischgattung mehr als die drei Arten gibt, die auf der Grundlage der damals vorliegenden Erkenntnisse nur anerkannt wurden. Selbst Kullander war nach dem Vergleich von konservierten Segelflossern aus den Guyana-Ländern, aus dem Amazonas, Rio Negro und Rio Branco bereits zu der Ansicht gelangt, dass es möglicherweise weit mehr Arten gibt. Inzwischen liegen beispielsweise glaubwürdige Berichte von Aquarianern vor, das-ssie in verschiedenen Teilen des

Amazonasgebietes an einem Fundort jeweils zwei verschiedene Segelflosser gefangen haben, die sich deutlich unterscheiden ließen. Ferner weisen aus bestimmten Fanggebieten importierte Segelflosser zu den drei bislang anerkannten Arten so erhebliche Unterschiede auf, dass einiges dafür spricht, dass es sich bei ihnen um eigenständige Arten handeln könnte. Zu diesen abweichenden Formen

Beim sogenannten „Peru-Altum" handelt es sich nicht um Pterophyllum altum

Bei diesem
Skalar aus
Guyana mit
roten Flecken
in der
Rückenregion
handelt es sich
vermutlich um
eine neue Art

Fundorte in Surinam bekannt, bei denen es sich aber möglicherweise nicht um ein natürliches Vorkommen handelt. Es ist nämlich nicht auszuschließen, dass diese Fische in den Flüssen Surinams ursprünglich gar nicht verbreitet waren, sondern ebenso, wie die dort nachweislich eingeführten Neonsalmler, von Zierfischhändlern ausgesetzt wurden.

Folgt man den 1986 von KULLANDER über den Status von *Pterophyllum scalare* vertretenen Auffassungen, dann hat der Skalar im Amazonasgebiet eine erstaunlich ausgedehnte Verbreitung. Nach dem damaligen Kenntnisstand beginnt sie im Südwesten in Peru, erstreckt sich in Brasilien beinahe über den gesamten Bereich des Amazonas und scheint erst in der Umgebung der Stadt Belém ihre östliche Grenze zu haben. KULLANDER weist aber ausdrücklich darauf hin, dass der Name *Pterophyllum scalare* in der von ihm verwendeten Definition wahrscheinlich eine Sammelbezeichnung für mehrere Arten darstellt. Insbesondere spricht einiges dafür, dass es sich nicht nur bei den Segelflossern aus dem oberen Amazonas-Einzug in Peru, sondern auch bei den Populationen in den Flüssen Guyanas möglicherweise gar nicht um den Skalar, sondern um eigenständige Arten handelt.

Eine ähnlich weite Verbreitung, die sich im Amazonastief-

gehören beispielsweise die im Stromgebiet des Essequibo in Guyana vorkommenden Segelflosser, die sich von anderen Formen beispielsweise durch ein Muster kleiner roter Flecken unterscheiden, das sie in der oberen Körperhälfte tragen.

Heimatgewässer

Segelflosser haben im nördlichen Teil Südamerikas eine weite Verbreitung, die sich fast über den gesamten Bereich des Amazonastieflandes vom Einzugsgebiet des mittleren Ucayali in Peru bis zur Mündung des Amazonas einschließlich der Unterläufe seiner wichtigsten Nebenflüsse erstreckt. Hinzu kommen weiter nördlich der Rio Negro, der Rio Branco und der obere Einzug des Orinoko sowie der Essequibo in Guyana und der Oyapock in Französisch Guyana. Zusätzlich sind auch

land größtenteils mit dem Vorkommen des Skalars überschneidet, aber anscheinend im Westen bereits östlich der Stadt Tabatinga endet, hat möglicherweise auch *Pterophyllum leopoldi*, obwohl bei den noch dürftigen Kenntnissen über diese Art nicht auszuschließen ist, dass manche angebliche Fundorte in Wirklichkeit andere Segelflosser betreffen. Die dritte Art, *Pterophyllum altum*, hat dagegen im Grenzgebiet von Kolumbien, Venezuela und Brasilien ein begrenztes Vorkommen, das relativ gut bekannt und auf die Einzugsgebiete des oberen Orinoko und des oberen Rio Negro beschränkt ist.

Innerhalb des ausgedehnten Verbreitungsgebietes, in dem Segelflosser in Südamerika auftreten, gibt es die unterschiedlichsten Gewässertypen mit erheblich voneinander abweichenden Lebensbedingungen. Deshalb mag es auf den ersten Blick erstaunlich sein, dass die Lebensräume, die diese Fische in ihren natürlichen Verbreitungsgebieten besiedeln, vergleichsweise einheitlich wirken. Dabei spielt sicherlich eine nicht unwichtige Rolle, dass Segelflosser aufgrund ihrer besonderen Gestalt im freien Wasser durch Raubfische außerordentlich gefährdet sind. Zu ihren Hauptfeinden zählen neben den berüchtigten Piranhas eine Vielzahl anderer Raubfische, darunter räuberische Buntbarsche aus der Gattung *Cichla*, Welse sowie

In der Paca Cocha bei Pucallpa, Peru, ist Pterophyllum scalare sehr häufig

Die dunkle Verfärbung der Ufervegetation läßt den unterschiedlichen Wasserstand erkennen

auch die in vielen Flüssen des Amazonastieflandes häufigen Süßwasserdelphine.

Die für einen Buntbarsch ungewöhnlichen Körperproportionen der Segelflosser, die durch eine Verkürzung der Körperlänge bei gleichzeitiger Zunahme der Körperhöhe, durch eine Vergrößerung von Rücken- und Afterflosse sowie eine seitliche Abflachung des zusammengedrückten Körpers entstanden ist, lässt sich als eine im Laufe ihrer Stammesgeschichte immer stärker verbesserte Anpassung an die Umwelt erklären. Diese Körperform hat für die Fische den Nachteil, dass sie weder ausdauernde, noch

schnelle Schwimmer sind, und ihren Freßfeinden daher kaum durch eine rasche Flucht über größere Entfernungen entkommen können. Skalare sind jedoch überraschend wendig und können sich daher bei Gefahr über kurze Distanzen rasch in einem Versteck in Sicherheit bringen. Alle Segelflosser meiden deshalb grundsätzlich eine starke Strömung und die Zone des offenen, freien Wassers. Die von ihnen bevorzugten Lebensräume finden sich infolgedessen in den ufernahen Bereichen von stehenden oder zumindest strömungsarmen Gewässern, das heißt vorzugsweise am Rande von Seen und Flüssen.

12

der die Gewässer Amazoniens regelmäßig um mehrere Meter ansteigen und den angrenzenden Urwald weit überschwemmen, finden die Fische in der überfluteten oder in das Wasser hängenden Ufervegetation, das heißt im Geäst und zwischen den Zweigen von Büschen und Bäumen, zusätzlichen Schutz. In einem derartigen durch Baumstämme und Äste vorzugsweise vertikal strukturierten Lebensraum erweist sich die eigentümliche Körperform der Segelflosser als besonders vorteilhaft, da sie sich in einem Gewirr von senkrechten Zwischenräumen und Spalten geschickt bewegen können. Auch das aus senkrechten Streifen bestehende Farbkleid der Fische dient in dieser Umwelt als perfekte, die Körperumrisse auflösende Tarnzeichnung.

Kennzeichnend für die typischen Aufenthaltsorte von Segelflossern ist ferner, dass sie reich an Versteckmöglichkeiten sind und den Fischen die von ihnen benötigte Deckung bieten. Nur in seltenen Ausnahmefällen wird dieses Schutzbedürfnis der Segelflosser durch Wasserpflanzen befriedigt, denn die Gewässer im Amazonastiefland sind im allgemeinen arm an submerser Vegetation. Am Rande aller Urwaldgewässer bieten jedoch zahlreiche in die Gewässer gestürzte Baumstämme und -wurzeln sowie abgestorbene Äste und Zweige die lebensnotwendigen Versteckplätze. Während der Hochwasserperiode, in

Nach ihrer Wasserfarbe und dem Grad ihrer Trübung werden in Südamerika drei verschiedene Arten von Gewässern unterschieden, die ihre Entstehung jeweils ganz typischen geologischen, landschaftlichen und klimatischen Bedingungen verdanken. Für die sogenannten Weißwasserflüsse, zu denen beispielsweise der Rio Ucayali, der Rio Solimões, der Rio Branco und der Madeira zählen, ist ein hoher Gehalt anorganischer Schwebstoffe charakteristisch, der diesen Gewässern ihr trübes, lehmiggelbes Aussehen verleiht und die Sichtweite häufig auf wenige Zentimeter verrin-

Seite gegenüber:
Bei Rockstone,
Guayana, leben
Segelflosser im
Essequibo River
zwischen
Felsformationen

gert. Im Gegensatz zu ihnen besitzen die Gewässer der zweiten Gruppe, die als Klarwasserflüsse bezeichnet werden und zu denen der Rio Xingú, der Rio Tapajós und der Rio Tocantins gehören, ein sauberes und durchsichtiges Wasser, das arm an Sedimenten ist und häufig eine grüne bis gelbgrüne Farbe zeigt. Die Gewässer des dritten Typus, die Schwarzwasserflüsse, zu denen im Amazonasgebiet der Rio Negro, der Rio Mapuera, der Rio Trombetas, der Rio Jari und zahlreiche Gewässer in den Guyanaländern gehören, besitzen zwar ebenfalls ein klares, durchsichtiges Wasser, das aber tief dunkelbraun, teefarben getönt ist. Diese Farbe wird durch große Mengen pflanzlicher Zerfallprodukte bewirkt, die während der Hochwasserzeit in die Flüsse gelangen, wenn sie für Monate den umgebenden Urwald überschwemmen. Selbstverständlich gibt es zwischen diesen drei Gewässertypen eine Reihe von Mischformen.

Die meisten Gewässer Amazoniens zeichnen sich dadurch aus, dass sie pH-Werte im sauren Bereich aufweisen und ungewöhnlich arm an gelösten Mineralien sind, das heißt, ihre elektrische Leitfähigkeit und sowohl ihre Gesamt- als auch ihre Karbonathärte sind äußerst niedrig. Am deutlichsten sind diese Merkmale im Schwarzwasser ausgeprägt, dessen Mineralarmut oftmals nur noch wenig von dem Salzgehalt de-

stillierten Wassers entfernt ist: Seine elektrische Leitfähigkeit liegt meist zwischen 10 und 20 µS/cm, gar nicht selten sogar unter 10 µS/cm, und sowohl die Gesamt- als auch die Karbonathärte liegen unter 1°dH. Der pH-Wert schwankt im allgemeinen zwischen 4,0 und 5,5. Mit diesen extremen Wasserwerten hängt zusammen, dass Segelflosser, die aus Schwarzwasserbiotopen stammen, häufig zu den heiklen Pfleglingen gehören, da ihnen in vielen Gegenden Mitteleuropas aufgrund der dort ganz anderen Eigenschaften des Leitungswassers die optimalen Lebensbedingungen im Aquarium nur unter Schwierigkeiten und mit erheblichem Aufwand zu bieten sind.

Obwohl Segelflosser, die aus dem Schwarzwasser stammen, auch pH-Werte im schwach alkalischen Bereich (<7,5) und mäßig hartes Wasser (< 15°dH) tolerieren, sollten sie auf Dauer besser in saurem (pH <7,0) weichem Wasser (<8°dH) gepflegt werden. Ihre Zucht gelingt dagegen nur, wenn die Wasserwerte den Bedingungen in den natürlichen Lebensräumen der Fische so weit wie möglich angenähert werden. Andernfalls treten Störungen in der Embryonalentwicklung auf, und die Elternfische fressen instinktgesteuert am zweiten oder dritten Tag alle Eier, die sich nicht normal entwickeln.

Eine typische Schwarzwasser-Art, die sich bis Mitte der

90er Jahre einer Vermehrung im Aquarium widersetzte, ist *Pterophyllum altum.* Auch die Populationen des Skalar, die in Brasilien im Einzugsgebiet des Rio Negro verbreitet sind, gehören dieser ökologischen Gruppe an. Bewohner von Gewässern mit Schwarzwasser sind ebenfalls die in Peru in der Umgebung von Iquitos vorkommenden Segelflosser aus dem Rio Nanay. Vorzugsweise Schwarzwasser-Biotope bewohnen schließlich auch die Segelflosser, deren Verbreitung sich auf die Guyanaländer erstreckt.

Im Einzugsbereich von Weißwasserflüssen sind die Lebensbedingungen im Vergleich zum Schwarzwasser weit weniger extrem. Die Gesamt- und Karbonathärte erreicht dort häufig 1 bis 2°dH. Der pH-Wert liegt meist zwischen 6,5 und 7,0 und die elektrische Leitfähigkeit zwischen 50 und 100 µS/cm. Diese Werte, die für große Bereiche des Amazonas und des Rio Solimões gelten, in denen der Skalar verbreitet ist, können aber in anderen Gebieten Südamerikas zumindest zeitweise beträchtlich überschritten werden, was bisher weitgehend unbeachtet geblieben ist. Beispielsweise werden in Peru im Einzugsbereich des oberen Rio Ucayali zur Zeit des Niedrigwassers in den natürlichen Lebensräumen von Segelflossern für die elektrische Leitfähigkeit Werte bis 400 µS/cm, für die Gesamt- und Karbonathärte über

10°dH, und pH-Werte bis 7,5 gemessen.

Da auch das Leitungswasser in vielen Teilen Mitteleuropas diese oder ähnliche Wasserwerte aufweist, lassen sich hier Segelflosser aus Weißwasserbiotopen nicht nur problemlos halten, sondern auch züchten, weshalb sie dem Anfänger, der mit diesen Fischen noch keine Erfahrungen gesammelt hat, besonders zu empfehlen sind. Zu den unproblematischen Pfleglingen aus dem Fluss-System des oberen Rio Ucayali in Peru gehören Skalare aus der Umgebung der Stadt Pucallpa.

Im Klarwasser bewegen sich die Werte für die wichtigsten Parameter des Wassers im allgemeinen zwischen den Bereichen, die für Schwarz- und Weißwasser als charakteristisch gelten können. Im Amazonasgebiet werden in typischen Klarwasserbiotopen im allgemeinen folgende Werte gemessen: pH 4,5 bis 6,5, elektrische Leitfähigkeit 20 bis 50 µS/cm, Gesamt- und Karbonathärte um 1°dH. Für Klarwasserbiotope im Fluss-System des oberen Orinoko gilt dagegen, daß sie in der Regel für alle drei Parameter sehr niedrige Werte aufweisen, die sich nicht von denen im Schwarzwasser unterscheiden. Segelflosser aus dem Rio Tocantins, dem Rio Xingú und dem Rio Tapajós stammen im allgemeinen aus Klarwasserbiotopen.

Besonders gut dokumentiert sind die ökologischen Bedingungen in den natürlichen Lebensräumen der Skalare, die in Peru im Einzugsbereich des mittleren und unteren Ucayali liegen, da dort im Laufe der Zeit immer wieder entsprechende Untersuchungen durchgeführt wurden (LÜLING 1975, STAECK 1982, KULLANDER 1986). In der Umgebung der Stadt Pucallpa wurden beispielsweise durch die genannten Autoren die Yarina Cocha, die Paca Cocha sowie das Flüsschen, das diese beiden Gewässer verbindet, wiederholt untersucht.

Bei den in diesem Bereich des Ucayali von mir genauer untersuchten Fundorten handelt es sich ausschließlich um stehende oder kaum fließende Urwaldgewässer, die stark getrübtes Weißwasser führen und – abgesehen von *Eichhornia crassipes* und anderen Schwimmpflanzen – keinerlei Vegetation enthalten. Die Segelflosser leben dort zwischen in das Wasser gefallenen

Feldaufnahme eines frisch gefangenen Skalars aus der Yarina Cocha

16

Ästen und Zweigen, die im Uferbereich an vielen Stellen der Gewässer reichlich vorhanden sind. Im Hinblick auf die wichtigsten Parameter des Wassers waren alle Fundorte, an denen ich *Pterophyllum scalare* im Einzugsbereich des Rio Ucayali fing, einheitlich beschaffen: Es handelte sich ausnahmslos um erheblich getrübtes Weißwasser von grauer oder lehmig gelber Färbung, das sich in den meisten Fällen durch eine für amazonische Gewässer ungewöhnlich hohe elektrische Leitfähigkeit (151 bis 474 µS/cm; meist 200 bis 250 µS/cm) und eine leicht alkalische Reaktion (6,5 bis 7,9; meist 7,0 bis 7,6) auszeichnet. Gesamt- und Karbonathärte lagen allgemein bei 5°dH, erreichten jedoch in drei Fällen auch Werte über 10°dH. Alle angegebenen Höchstwerte wurden im Monat Juli zur Zeit des Niedrigwassers bei einem extrem geringen Wasserstand gemessen. Die Wassertemperatur reichte von 24 bis 30°C, lag jedoch meistens um 26°C.

KULLANDER untersuchte 1986 im Norden Perus mehrere ganz ähnliche Fundorte von *Pterophyllum scalare* in der Umgebung von Iquitos im Einzugsbereich des Rio Nanay, eines Schwarzwasserflusses. In diesen Gewässern, die im allgemeinen trübes braunes Wasser – meist eine Mischung aus Schwarz- und Weißwasser – führten, lagen die Werte, die für die Leitfähigkeit, die Härte und den pH-

Wert gemessen wurden, erwartungsgemäß erheblich niedriger. Die Temperatur erreichte jedoch in einem Fall sogar 32°C.

Auf mehreren Reisen konnte ich auch verschiedene Fundorte des Skalars genauer untersuchen, die im Einzugsgebiet des unteren Rio Negro gelegen sind und typisches Schwarzwasser enthalten. Erwartungsgemäß war das Wasser dort nicht nur äußerst mineralarm, sondern es hatte auch extrem niedrige pH-Werte: Gesamt- und Karbonathärte lagen ausnahmslos unter 1°dH, und die elektrische Leitfähigkeit überschritt niemals 10 µS/cm. Der pH-Wert bewegte sich zwischen 4,3 und 4,7 und die Wassertemperatur zwischen 26 und 29°C. Die übrigen ökologischen Merkmale der dortigen Fundorte unterschieden sich nicht von den vorstehend beschriebenen Lebensbedingungen im Einzugsbereich des Ucayali in Peru. Auch am Rio Negro fand ich die Segelflosser nur in strömungsarmen oder -

freien Bereichen, die viel totes Holz in Form von Bäumen und Ästen enthielten, die in das Wasser gefallen waren.

Ein weiterer vergleichsweise gut untersuchter Fundort bildet in Guyana der untere Essequibo River bei der Ortschaft Rockstone. Eine sehr detaillierte Beschreibung der dort von den Segelflossern bewohnten Lebensräume gab bereits LADIGES, der diese Cichliden schon in der zweiten Hälfte des Jahres 1933 an diesem Fundort gefangen hatte. Seine bei Rockstone durchgeführten Beobachtungen enthalten viele interessante ökologische Informationen über Mikrohabitate und Fischgesellschaften. Da sich in den knapp siebzig Jahren, die seitdem vergangen sind, dort erstaunlicherweise kaum etwas verändert hat, sind seine Schilderungen noch immer aktuell (LADIGES 1951 1984).

Der Essequibo hat bei Rockstone einen teils felsigen, teils sandigen Grund und bräunliches, mäßig klares Wasser. LADIGES berichtet, dass die Segelflosser dort nicht nur zwischen Holz, sondern erstaunlicherweise auch zwischen den zahlreichen Klippen leben und bei Störungen sogar in engen Gesteinsspalten Schutz suchen. Ein besonderes farbliches Merkmal der in Guyana vorkommenden Population von Segelflossern ist ein Muster von kräftig roten Punkten, das die Fische in der Rückenregion oder in der gesamten oberen Körperhälfte tragen. Zusätzlich zu den von LADIGES an diesem Fundort nachgewiesenen Buntbarschen fingen wir dort eine *Guianacara*- und eine *Satanoperca*-Art. Von uns im Februar 1996 bei Rockstone im Essequibo durchgeführte Messungen ergaben eine Wassertemperatur von 24°C, einen pH-Wert von 5,6 und eine äußerst geringe elektrische Leitfähigkeit: 10 µS/cm. Das sind Werte, die für die meisten Gewässer in Guyana ganz charakteristisch sind.

Ein Vergleich der sehr unterschiedlichen Ergebnisse von Messungen, die für zahlreiche Fundorte von *Pterophyllum scalare* veröffentlicht wurden, ergibt, dass diese Art in der Definition von KULLANDER (1986) eine große ökologische Potenz besitzt und sowohl in sehr sauren, weichen, äußerst mineralarmen, als auch in ausgesprochen alkalischen, mittelharten Gewässern vorkommt. Die Temperaturtoleranz der Fische ist ebenfalls beträchtlich, denn an den natürlichen Fundorten wurden 24 bis 32°C gemessen. Aufgrund der zum Teil großen Entfernung zwischen manchen Fundorten in Peru und Brasilien muss jedoch auch in Betracht gezogen werden, dass es sich bei den betreffenden Populationen, selbst wenn sie nicht verschiedenen Arten angehören, zumindest um verschiedene Ökotypen handeln könnte, das heißt um ökologische Rassen, die ver-

schiedene Lebensansprüche haben, weil sie sich im Laufe der Evolution den besonderen, häufig ganz unterschiedlichen Umweltbedingungen in den jeweils von ihnen bewohnten Gewässern angepasst haben.

Besonders erwähnenswert ist das Fluchtverhalten der Segelflosser, das ich am Ucayali wiederholt beobachten konnte und das auch von anderen Beobachtern beschrieben wurde. Bei der Annäherung eines Motorbootes schossen die Fische nämlich häufig aus dem Wasser, um dann, auf der Seite liegend, schnell an der Wasseroberfläche dahinzugleiten. Da über die typischen Fressfeinde der Segelflosser nichts bekannt ist, fällt es schwer, eine überzeugende Erklärung über den biologischen Sinn dieses Verhaltens zu finden. Möglicherweise werden Skalare besonders häufig von Raubfischen, beispielsweise großen Welsen, angegriffen, die am Gewässergrund leben und ihre Beute nicht bis zur Wasseroberfläche verfolgen. Wildfänge zeigten diese Fluchtreaktion anfangs auch im Aquarium, wenn sie erschreckt wurden. Im Laufe der Zeit trat dieses typische Verhalten aber immer seltener auf, bis es nach ungefähr einem Vierteljahr völlig verschwand.

Pflege

Im folgenden sollen einige grundsätzliche Gesichtspunkte erörtert werden, die bei der Pflege von Segelflossern zu beachten sind, wobei der Schwerpunkt auf der biologisch sinnvollen Einrichtung des Aquariums liegt, das zwar häufig auch ästhetischen Ansprüchen genügen, vordringlich aber die Lebensansprüche der gepflegten Fische berücksichtigen muß. Grundsätzlich sollte sich die Einrichtung des Aquariums an den Bedingungen orientieren, die in den natürlichen Lebensräumen der darin gehaltenen Fische herrschen. Erst die möglichst genaue Kenntnis der Umweltfaktoren, die das Leben un-

serer Aquariumfische an ihren Fundorten beeinflussen, erlaubt es uns, die dort herrschenden Lebensbedingungen auch im Aquarium zu kopieren. Nur eine der Biologie dieser Fische entsprechende Einrichtung schafft die Voraussetzungen für erfolgreiche Pflege und Zucht.

Die Mehrzahl der Segelflosser lebt entweder in reinem Weiß- oder Schwarzwasser oder in Mischgewässern zwischen Weißwasser- und Schwarzwasserflüssen. Gewässer mit typischem Weiß- oder Schwarzwasser sind im allgemeinen frei von höheren Wasserpflanzen. Das hat zwei Gründe. Zum einen sind diese Gewässer entweder so trüb, dass die Sichtweite gar nicht selten nur etwa zehn Zentimeter beträgt, oder sie sind so braun gefärbt wie starker Tee. Dadurch fehlt am Gewässergrund das für Pflanzen lebensnotwendige Licht. Zum anderen schwankt der Wasserstand in den Gewässern Amazoniens im jährlichen Zyklus so stark, dass zwischen Hoch- und Niedrigwasser mehrere Meter liegen. Im

Aquarium mit verschiedenen Zuchtformen von Pterophyllum scalare

Uferbereich dieser Gewässer wurzelnde Wasser- oder Sumpfpflanzen würden deshalb während des Niedrigwassers vertrocknen.

Charakteristisch für die meisten Urwaldgewässer ist ferner, dass es am Gewässergrund keine Steine oder Felsen gibt. Das einzige Laichsubstrat, das den Segelflossern dort zur Verfügung steht, bilden deshalb in das Wasser gestürzte oder während des Hochwassers überflutete Bäume und Sträucher, die aber in den meisten von Segelflossern bewohnten Gewässern reichlich vorhanden sind. Diese besonderen Umweltbedingungen in den natürlichen Lebensräumen erklären beispielsweise auch, warum Segelflosser ihre Eier gewöhnlich nicht am Gewässergrund und auf waagerechte Flächen, sondern an senkrechte Substrate nahe der Wasseroberfläche heften. Wahrscheinlich bevorzugen die Fische während des Ablaichens instinktiv jene Bedingungen, die sie auch in ihren Heimatgewässern vorfinden.

Nur in ganz wenigen Gebieten Mitteleuropas ist es ohne größeren technischen Aufwand möglich, die Beschaffenheit des Aquariumwassers den Werten anzunähern, die in den von Segelflossern bewohnten Lebensräumen anzutreffen sind, da das Leitungswasser hier im allgemeinen hart und alkalisch ist. Dennoch sind diese Cichliden viel leichter zu halten, als ge-meinhin angenommen wird, wenn man nur die Gesichtspunkte beachtet, die auch bei der Pflege anderer Fischarten von Bedeutung sind. Zu diesen Grundsätzen, die allerdings beim Hohen Segelflosser, *Pterophyllum altum*, da er ein spezialisierter Bewohner des Schwarzwassers ist, höhere pflegerische Ansprüche als bei anderen Segelflossern stellen, gehören ein der Körpergröße der Tiere entsprechendes Aquarium, ein regelmäßiger Wasserwechsel, möglichst in Form eines wöchentlichen Austausches von einem Viertel des Aquariuminhaltes, um die durch den Stoffwechsel der Fische bedingte Verunreinigung mit Stickstoffverbindungen so niedrig wie möglich zu halten, und eine abwechslungsreiche Ernährung. *Tubifex* und Rote Mückenlarven, die fast ausnahmslos aus stark verunreinigten Gewässern stammen, sollten nach intensiver Wässerung verabreicht werden, damit sie vor der Verfütterung ihren Darm entleeren. Obwohl Segelflosser gelegentlich in Gewässern gefangen wurden, die nur eine Temperatur von 24°C aufwiesen, wird empfohlen, sie im Aquarium zwischen 26 und 28°C zu halten, da in kälterem Wasser ihre Widerstandskraft gegenüber Krankheiten anscheinend herabgesetzt ist.

Da Segelflosser im allgemeinen in stark trüben oder aufgrund der intensiven Eigenfärbung des Wassers besonders dunkel gefärbten Gewässern vorkommen, lieben sie kein grelles Licht. Der Bodengrund sollte deshalb nicht aus rein weißem Quarz, sondern aus dunklem Sand bestehen. Zusätzlich kann der Grund zumindest teilweise durch eine niedrige Bodenbepflanzung, beispielsweise aus kleinen Wasserkelchen (*Cryptocoryne*-Arten) oder dem kleinen Speerblatt (*Anubias barteri* var. *nana*), abgedunkelt sein. Den gleichen Zweck erfüllen auch einige gut gewässerte braune Buchenblätter, die, auf den Grund verteilt, sehr natürlich und dekorativ wirken können. Grober Flusssand entspricht den natürlichen Bedingungen besser als Kies.

Schließlich ist darauf zu achten, dass sich diese intelligenten Tiere, die auch alle Vorgänge außerhalb ihres Aquariums aufmerksam verfolgen und entsprechend auf sie reagieren, nur dann wohl fühlen, wenn man ihnen Versteckmöglichkeiten bietet. Die Aquariumdekoration, die den Fischen sowohl Zufluchtsstätten als auch geeignete Laichplätze bieten muss, sollte als Nachbildung der natürlichen Lebensräume vorzugsweise aus großen Wurzeln und Ästen bestehen. Man darf jedoch nur Holz verwenden, das bereits so lange im Wasser gelegen hat, dass es weder schimmelt, noch

fault. Andernfalls würde das Aquariumwasser innerhalb kürzester Zeit die Fische schädigen. In dieser Hinsicht völlig unbedenklich ist das im Zoofachhandel angebotene Moorkienholz.

Besonders gut geeignet für die Bepflanzung eines Aquariums, in dem Segelflosser gepflegt werden, sind neben der Riesenvallisnerie, *Vallisneria americana*, dem Riesenspeerblatt, *Anubias gigantea*, auch große, und robuste Schwertpflanzen, etwa *Echinodorus amazonicus*, *E. bleheri*, *E. cordifolius*, *E. grandiflorus* oder *E. osiris*. Die derben Blätter der genannten Pflanzen werden von den Fischen auch gern als Laichsubstrat benutzt.

Es versteht sich von selbst, dass für diese großen Fische geräumige Aquarien benötigt werden, deren Höhe mindestens 50 und deren Seitenlänge mindestens 120 bis 150 cm betragen sollte. Für den Hohen Segelflosser, *Pterophyllum altum*, beträgt die Mindesthöhe des Behälters sogar 60 cm. Da allen Segelflossern ein deutlicher sekundärer Sexualdimorphismus fehlt, ist das Geschlecht der Fische oft nur während des Ablaichens mit absoluter Sicherheit zu bestimmen. Ein Hauptproblem bei ihrer Pflege besteht deshalb zumeist darin, in den Besitz eines harmonierenden Paares zu gelangen. Die am häufigsten verwendete Methode besteht darin, dass man so lange wartet, bis eine Gruppe von Jungtieren ge-

schlechtsreif wird und zwei der Tiere von allein zu einem Paar zusammenfinden. Buntbarsche, die kurz vor der Geschlechtsreife stehen oder eben geschlechtsreif geworden sind, zeigen jedoch im allgemeinen eine starke innerartliche Aggression und bekämpfen einander oft sehr heftig, da bei ihnen der Drang entsteht, ein eigenes Revier zu besetzen. In dieser Phase benötigt man deshalb für die Fische relativ geräumige Aquarien, obwohl sie zu diesem Zeitpunkt erst halbwüchsig sind.

Im Vergleich dazu kommt ein ausgewachsenes, gut harmonierendes Paar mit relativ geringem Platz aus. Da Segelflosser eine sehr intensive Bindung an den Partner entwickeln, sind Beißereien zwischen Männchen und Weibchen, sobald die Tiere einmal verpaart sind und nicht gestört werden, selten. Hinzu kommt, daß die erwachsenen Segelflosser ruhige Fische mit

einem relativ geringen Bewegungsbedürfnis sind und deshalb auch mit im Vergleich zu ihrer Körpergröße bescheidenem Raum zufrieden sind. Wenn man aber, was weit empfehlenswerter ist, nicht nur ein Pärchen, sondern eine Gruppe Skalare oder zusätzlich auch Buntbarsche aus andere Arten in einem Aquarium pflegen will, werden extrem große Behälter mit mehr als 500 l Inhalt benötigt.

Für die durchaus empfehlenswerte Vergesellschaftung mit Segelflossern sind jedoch nur Fische mit einem ähnlich ruhigen Temperament und denselben Lebensansprüchen geeignet, beispielsweise Flaggenbuntbarsche (*Mesonauta*-Arten) oder Diskusfische(*Symphysodon*-Arten) die in Amazonien auch dieselben Lebensräume besiedeln. Aber nicht nur Buntbarsche, sondern auch Fische aus ganz anderen Verwandt-

Dieses Aquarium mit Goldskalaren bietet zu wenige Versteckeplätze schaftskreisen können ein vorwiegend für Skalare eingerichtetes Aquarium durchaus bereichern. Da sie sich hauptsächlich am Boden aufhalten, bilden beispielsweise Panzerwelse (*Corydoras*-Arten) oder kleine Harnischwelse eine interessante Ergänzung.

Bei der Beachtung der vorstehend aufgezählten Gesichtspunkte lassen sich diese Cichliden auch in mittelhartem bis hartem Wasser und bei einem pH-Wert im basischen Bereich jahrelang bei bester Verfassung am Leben erhalten.

Verhalten

Auslöser für den Wunsch, eine bestimmte Fischart zu pflegen, bilden meist die attraktive Färbung oder das ungewöhnliche Aussehen der betreffenden Fische. Bei Cichliden kommt jedoch gewöhnlich als zusätzliches Motiv die Erwartung hinzu, dass sie infolge ihrer hochspezialisierten Verhaltensweisen im Aquarium besonders interessante Beobachtungsobjekte sind. Vor allem das im Dienste der Fortpflanzung stehende Balz- und Brutpflegeverhalten, auf das im folgenden Kapitel im Zusammenhang mit der Zucht von Segelflossern ausführlicher eingegangen wird, ist selbst für einen langjährigen Aquarianer immer wieder beeindruckend. Aber auch die mit dem Territorial- und Kampfverhalten zusammenhängenden Verhaltensweisen bieten eine

Fülle reizvoller Beobachtungsmöglichkeiten.

Segelflosser gehören ebenso wie alle anderen Buntbarsche zu den territorialen Fischen; sie grenzen also innerhalb des von ihnen bewohnten Lebensraumes zeitweilig ein bestimmtes Gebiet ab, das sie gegen andere Tiere, vor allem Artgenossen, verteidigen. In dem beanspruchten Revier werden nur das jeweilige Weibchen oder Männchen, mit dem der Fisch verpaart ist, und für einen beschränkten Zeitraum auch die noch schutzbedürftigen Jungen geduldet.

Die Abgrenzung von Revieren ist bei allen Segelflossern eng mit dem Fortpflanzungsverhalten verknüpft. Beobachtungen in ihren natürlichen Lebensräumen lassen die Vermutung zu, dass sie zwar den größten Teil des Jahres gesellig leben und in Gruppen vergesellschaftet umherziehen. Sobald sie jedoch in Fortpflanzungsstimmung kommen, werden sie territorial und bilden Paare, die, wenn auch vielleicht nicht zeitlebens, so doch zumindest über

Bei aggressiv gestimmten Skalaren bildet sich hinter dem Auge ein schwarzer Fleck

einen längeren Zeitraum hinweg in einem gemeinsamen Revier zusammenleben, dessen Zentrum der Laichplatz bildet.

Das vom Skalar beanspruchte Territorium dient vor allem als Balz-, Paarungs- und Brutrevier. Darüber hinaus bildet das gegen Artgenossen verteidigte Areal, da die Fische sich darin längere Zeit ausschließlich aufhalten, auch zugleich ihr Wohn- und Nahrungsrevier. So kann es nicht überraschen, dass sie bereits bei der Auswahl des von ihnen beanspruchten Gebietes eine ganz bestimmte ökologische Struktur bevorzugen, die in Abhängigkeit von ihren artspezifischen Nahrungsansprüchen, Lebens- und Fortpflanzungsgewohnheiten steht und deshalb auch vom Pfleger bereits bei der Einrichtung des Aquariums zu berücksichtigen ist.

Das Territorialverhalten gewährleistet, indem es die Individuen einer Art auseinanderzwingt, ihre gleichmäßige Verteilung über den ihnen zur Verfügung stehenden Lebensraum. Die biologische Bedeutung dieses Mechanismus liegt darin, dass er jedem Fisch innerhalb der vorhandenen Möglichkeiten einen bestimmten Raum sichert, in dem er alle für die Lebens- und Arterhaltung notwendigen Voraussetzungen findet, also genügend Nahrung, Zufluchtsstätten und eine für die Fortpflanzung geeignete Örtlichkeit. Ferner fördert der Zwang, den die Fische durch die Abgrenzung von Territorien auf-

Aggressions-
hemmende
Demutsgebärde
des linken
Skalars durch
schräge
Körperhaltung
gegenüber dem
ranghöheren

einander ausüben, nach immer neuen Revieren zu suchen, die Verbreitung der Art. Schließlich steht das Territorialverhalten auch im Dienst der Selektion, denn im allgemeinen wird das stärkste Individuum das am günstigsten gelegene und größte Revier erkämpfen und daher seinen Nachkommen auch die besten Lebensbedingungen bieten können. Durch Krankheit oder anderweitig in ihrer Vitalität benachteiligte Fische haben dagegen nur eine geringe Aussicht, in den Auseinanderset-

zungen um ein eigenes Territorium erfolgreich zu sein. Da die Werbung um ein Weibchen den Revierbesitz zur Voraussetzung hat, sind sie aller Wahrscheinlichkeit nach schon durch diesen Faktor von der Fortpflanzung ausgeschlossen.

Letztlich fördert die Abgrenzung eines gemeinsamen Reviers und die durch einen Lernvorgang entstandene Bindung an dieses Territorium auch den Zusammenhalt zwischen Männchen und Weibchen sowie zwischen Eltern und Jungfischen. Für die Pflege im Aquarium ist die Erkenntnis wichtig, dass die Reviere von Artgenossen immer klar gegeneinander abgegrenzt sind, dass sich die Territorien artfremder Fische dagegen zumindest an den Rändern überschneiden können, vor allem dann, wenn sich die betreffenden Arten infolge von Anpassungsprozessen an unterschiedliche ökologische Nischen gegenseitig, was Nahrungs- und Raumanspruch betrifft, keine Konkurrenz machen. Infolgedessen ist es nur in besonders großen Aquarien möglich, mehrere Paare derselben Art zusammen zu pflegen. Verschiedene Arten lassen sich dagegen leichter harmonisch miteinander vergesellschaften. Die Möglichkeit, dass verschiedene territoriale Fische in demselben Gebiet nebeneinander vorkommen, wird auch dadurch erleichtert, dass nicht alle Teile eines Reviers gleich stark verteidigt werden,

sondern dass es durchaus neutrale Orte gibt, die bei Segelflossern meist im Bereich unmittelbar über dem Grund liegen.

Wenn der den Fischen zur Verfügung stehende Raum unter eine gewisse Minimalgrenze absinkt oder in seiner Beschaffenheit völlig im Gegensatz zu den artspezifischen Ansprüchen steht, wird das Territorialverhalten im allgemeinen aufgegeben oder es entwickelt sich erst gar nicht. Das erklärt die Erscheinung, dass Buntbarsche in den Aquarien der Händler anscheinend friedlich miteinander vereinigt sind, nach dem Kauf in den Becken der Aquarianer jedoch oftmals sogleich miteinander streiten und kämpfen.

Es wäre jedoch falsch anzunehmen, dass das Territorialverhalten die Zahl von kämpferischen Auseinandersetzungen drastisch erhöhen würde. Da sich Reviernachbarn nicht nur im Aquarium, sondern auch in der Natur schnell kennenlernen, sich infolgedessen respektieren und die Reviergrenzen beachten, kommt es zwischen ihnen zwar häufig zu Imponier- und Drohverhalten, jedoch kaum zu ernsten Auseinandersetzungen. Diese Beobachtungen gelten nicht nur für das Leben in freier Natur, sondern können auch im Aquarium durchgeführt werden. Cichliden kämpfen zwar heftig bei der Reviergründung. Sobald diese aber abgeschlossen ist, die Reviernachbarn einander kennen und eine Rangordnung ausgefochten ist, erfolgen praktisch keine ernsten Auseinandersetzungen mehr. Sowohl unter natürlichen Lebensbedingungen, als auch im Aquarium, wird erst wieder bei der Störung

In größeren Trupps sind Segelflosser außerhalb der Balzzeit meist gesellige Tiere

des Gleichgewichts, beispielsweise durch das Eindringen fremder Fische, gekämpft. Doch selbst das ist nur gelegentlich der Fall, da es ein Neuankömmling kaum darauf ankommen lässt, mit einem Revierbesitzer, der alle Vorteile auf seiner Seite hat, in eine ernsthafte Auseinandersetzung verwickelt zu werden.

Da die Größe des beanspruchten Territoriums mit dem Grad der aggressiven Grundstimmung der Fische zunimmt, zeigt sich immer wieder, dass

Cichliden während der Brutpflege ihr Revier ausdehnen. Die Grenzen der beanspruchten Territorien sind jedoch keine Linien, sondern breite Bänder. Die starke Aggressionsbereitschaft, die von den Fischen im Zentrum des von ihnen bewohnten Territoriums gezeigt wird, sinkt bei wachsender Entfernung vom Mittelpunkt des Reviers. Dafür verstärkt sich im gleichen Verhältnis ihre Fluchttendenz. Da dieser Mechanismus bei zwei benachbarten Revierbesitzern gleichermaßen wirksam ist, gibt

es für beide irgendwo zwischen ihren Revierzentren einen Punkt, an dem sich die gegensätzlichen Triebe, anzugreifen oder zu fliehen, die Waage halten. Genau an dieser Stelle verläuft die Grenze zwischen ihren Territorien. In dem Maße, wie sich die Nachbarn kennenlernen, werden die anfänglichen Kämpfe mit wechselseitigen Verfolgungen später durch Droh- und Imponiergesten ersetzt. Besonders einprägsam ist das dadurch bedingte ritualisierte Hin- und Herpendeln zweier benach-

barter Segelflosser an ihrer Reviergrenze. Es wird von dem Konflikt zwischen Angriffslust und Fluchttendenz ausgelöst.

Der Hauptgrund des innerartlichen Kampfes ist die Konkurrenz. Er ist also auf den Besitz bestimmter Objekte, ihren Erwerb oder ihre Verteidigung gerichtet. Die Fische kämpfen in erster Linie um das Futter, die Geschlechtspartner und den Laichplatz. Am häufigsten sind deshalb kämpferische Auseinandersetzungen während der Fortpflanzungszeit. Die Kampfstimmung hängt ebenso, wie alle anderen Verhaltensweisen, von inneren und äußeren Einflüssen ab. Einige Beobachtungen scheinen auf das Vorhandensein von inneren Antriebsmechanismen hinzudeuten, die für einen spontanen Aggressionstrieb verantwortlich sind. Wenn kein geeignetes Objekt da ist, an dem die durch sie erzeugte Erregung durch die Vornahme der entsprechenden Instinkthandlung abgebaut werden kann, wird sie an einem Ersatzobjekt abreagiert.

Zu einem derartigen Stau des Aggressionstriebes kann es beim Mangel entsprechender Auslöser unter Umständen während der Brutpflege kommen. Um zu verhindern, dass sich die Aggression der Eltern gegeneinander richtet, dass sie sich zerstreiten und als Folge die Brut vernachlässigen oder auffressen, geben deshalb erfahrene Züchter einen weiteren Fisch als

letzen oder sogar töten können. Sie besitzen kräftig ausgebildete Zähne, die zwar normalerweise kaum sichtbar sind, jedoch beim Öffnen des Maules mit den Lippen vorgestülpt und dem Gegner wie Nagelbretter in den Leib gestoßen werden. So können tiefe Wunden entstehen. Selbst nach einem harmlos erscheinenden Rammstoß, wie er im Gesellschaftsaquarium immer wieder einmal vorkommt, sind beim Opfer meist die Spuren der Zähne an der getroffenen Stelle zu sehen.

Dennoch dürften Artgenossen einander unter natürlichen Lebensbedingungen nur in Ausnahmefällen töten. Ziel der innerartlichen Kämpfe ist nicht die Vernichtung des Kontrahenten, sondern nur seine Vertreibung, denn es wäre biologisch nicht sinnvoll, wenn sich die Angehörigen derselben Art gegenseitig umbringen würden. Infolgedessen entwickelten sich eine Reihe von Hemm-Mechanismen, die wirkungsvoll verhindern, dass die Fische bei innerartlichen Auseinandersetzungen ihre gefährlichen Waffen mit letzter Konsequenz einsetzen. Im Laufe der Stammesgeschichte übernahmen ursprünglich nur einschüchternd wirkende Bewegungen und Verhaltensweisen die volle Funktion des Kampfes, der dadurch ritualisiert und zu einer Art Turnier wurde. Auf diese Weise gelingt es in der Mehrzahl der Fälle, auch ohne Rammstöße

Unterdrückte Tiere ziehen sich mit angelegten Flossen in ein Versteck zurück

Prügelknaben in das Aquarium, der dann den Kampftrieb auf sich zieht. Das kann leicht zur Tierquälerei werden, wenn dieser Fisch nicht wehrhaft oder flink genug ist, um sich den Nachstellungen der brutpflegenden Eltern zu entziehen. Um einen Aggressionsstau bei den Elternfischen zu vermeiden, muss es aber nicht unbedingt zu einem wirklichen Kampf mit körperlichem Kontakt kommen. Es genügt schon, wenn das Paar im Nachbarbecken andere Fische sieht, an denen es sich trotz Trennscheibe abreagiert. Der eigene Partner bleibt dann im allgemeinen unbehelligt.

Auch Segelflosser sind, obwohl weit weniger aggressiv als andere Cichliden, wehrhafte Fische, die den Gegner bei einem ernsthaften Beschädigungskampf durchaus erheblich ver-

eine Entscheidung herbeizuführen und den schwächeren Gegner zu vertreiben. Eine derart ritualisierte Kampfweise, bei der Kampfhandlungen nur einschüchtern und nicht verletzen, wird von den Verhaltensforschern als Kommentkampf bezeichnet.

Das Kampfverhalten der Cichliden ist von Verhaltensforschern intensiv untersucht worden, so dass wir einiges darüber wissen. Im folgenden sollen die wichtigsten Bewegungen und Verhaltensweisen beschrieben werden, die sich während des Kampfes bei Segelflossern beobachten lassen. Es handelt sich hierbei um erblich festgelegte, konstante Handlungen, die durch eine Vielzahl von sogenannten Auslösebewegungen zu regelrechten Reaktionsketten verknüpft sind und deshalb häufig in einer bestimmten Reihenfolge ablaufen. Die kämpfenden Fische lösen wechselseitig entsprechende Reaktionen des Gegners aus, die ihrerseits wieder für den Widersacher auslösende Reize darstellen.

Die innerartlichen Drohsignale mit der Funktion, den Artgenossen einzuschüchtern, sind bei Segelflossern vielfältig. Die erste Reaktion auf den Anblick eines unbekannten Artgenossen ist gewöhnlich das Imponiergehabe, das noch nicht unbedingt einen aggressiven Charakter haben muss, denn es tritt auch während der Balz auf. Diese besonders häufig zu beobachtende Verhaltensweise besteht darin, dass der Fisch instinktiv versucht, sein Aussehen besonders eindrucksvoll zu gestalten. Er intensiviert die dunklen Farbmuster und vergrößert den Körperumriss, indem er beim Frontalimponieren die Flossen aufstellt und beim Breitseitimponieren zusätzlich den Mundboden senkt. Gelegentlich setzen Skalare während des Im-

ponierens überraschenderweise sogar Lautäußerungen ein.

Besonders häufig sind unter den Drohgebärden ritualisierte Elemente des Angriffsverhaltens, beispielsweise unvollendete Bewegungen des Zustoßens und Beißens, beispielsweise ein Rucken mit dem Kopf oder ein vorwärts gerichtetes Zucken mit den Flossen, das ein Zustoßen ankündigen kann. Das Imponierverhalten wirkt zwar auf den Gegner einschüchternd, enthält aber noch keine deutliche Kampftendenz. Gelegentlich lässt sich aggressives Drohen von defensivem Drohen unterscheiden, grundsätzlich lassen sich aber Imponieren und Drohen nicht klar gegeneinander abgrenzen.

Da Buntbarsche ein überraschend gutes Einschätzungsvermögen für ihre eigene Körpergröße besitzen, wird der Ausgang der Auseinandersetzung oft schon in diesem frühen Stadium des ritualisierten Kräftemessens ohne einen Beschädigungskampf entschieden. Obwohl die Imponier- und Drohgebärden eines Artgenossen im eigenen Revier als Auslöser für das Kampfverhalten, im fremden Gebiet dagegen als Auslöser für das Fluchtverhalten wirken, geben Revierbesitzer bei der Begegnung mit einem besonders großen Eindringling oftmals sogleich auf und fliehen.

Sobald sich einer der Gegner in der beschriebenen Körper- und Flossenhaltung parallel neben den anderen stellt, wird aus dem noch neutralen Imponieren das Drohimponieren oder Breitseitdrohen. Dieses Verhalten führt dann meist rasch zu Schwanzschlägen, der ersten Kampfhandlung. Auf dieser Stufe der Auseinandersetzung kämpfen die Fische noch völlig ohne direkte körperliche Berührung, indem sie mit der gespreizten Schwanzflosse ausholen und einen Schlag gegen den Körper des Gegners führen. Der hierdurch entstehende Wasserdruck reizt dessen Seitenlinienorgane. Da der Gegner gleichfalls mit einer derartigen Wasserwelle antwortet, können beide Kontrahenten ihre ungefähre Stärke abschätzen. Das Schwanzschlagen kann in Kopf-an-Kopf-Stellung oder in Schwanz-an-Kopf-Stellung stattfinden. Beim Skalar geht es vergleichsweise selten in gegen den Körper des Gegners gerichtete Rammstöße über.

Weit häufiger als das Breitseitendrohen kann im Aquarium das Frontaldrohen beobachtet werden, da es vorzugsweise bei Grenzgefechten von Reviernachbarn Verwendung findet. Bei einer stärkeren Erregung der Fische geht das Frontaldrohen schließlich in frontale Rammstöße über, bei denen der Gegner mit dem Maul gerammt oder gebissen wird. Der angegriffene Fisch reagiert meist, indem er seinen Körper schräg nach oben aufrichtet, so dass der Rammstoß die Brustregion zwischen dem Ansatz der Bauch-

Jungfische der Segelflosser, hier von Pterophyllum altum, sind zunächst gesellige Tiere

flossen und dem Rand des Kiemendeckels trifft.

Schließlich verfügen Segelflosser noch über eine weitere stark ritualisierte kämpferische Bewegungsabfolge, den sogenannten Maulkampf. Bei dieser für Cichliden ganz typischen Kampfweise verbeißt sich der eine Kontrahent in den Oberkiefer, der andere in den Unterkiefer des Gegners. Dann versuchen beide, heftig mit den Flossen vorwärts rudernd, den Widersacher wegzuschieben. Bei etwa gleich starken Fischen kann sich diese Art des Kampfes mit kurzen Unterbrechungen lange hinziehen, bevor ein Tier endlich aufgibt und es somit zu einer Entscheidung kommt. Der Maulkampf ist oft so heftig, dass die Fische, ineinander verbissen, auf der Seite liegend oder kopfstehend, durch das Wasser trudeln. Diese Form des ritualisier-

Die Paarbildung erfolgt im Verlauf der Balzperiode

ten Kampfes ist deshalb besonders kräftezehrend, weil die Tiere, solange sie einander festhalten, nicht normal atmen können und bald unter Sauerstoffmangel leiden.

Die verschiedenen durch typische Bewegungsweisen gekennzeichneten Phasen innerhalb des Kampfverhaltens der Segelflosser lassen sich jeweils ganz bestimmten Erregungsstufen zuordnen. Meist fällt die Entscheidung bereits in einem frühen Stadium der Auseinandersetzung, indem sich einer der Fische unterlegen fühlt und aufgibt. Nur in vergleichsweise seltenen Fällen steigt die Intensität des Kampftriebes bei beiden Tieren so an, dass auch die letzte und heftigste Stufe des Kampfverhaltens zu sehen ist. Normalerweise sind dann beide Fische gleichstark. Auf Grund der starken Ritualisierung ihrer Kommentkämpfe werden Auseinandersetzungen zwischen Cichliden unter natürlichen Lebensbedingungen fast ausschließlich entschieden, ohne dass es zu lebensbedrohenden Verletzungen der Tiere kommt. Beim unterlegenen Fisch verblassen plötzlich die Farbmuster, er macht sich klein, indem er die Flossen anlegt, dreht dem Sieger leicht den Rücken zu und flieht schließlich. Häufig setzt erst in dieser letzten Phase des Kampfes, in der einer der Kämpfer bereits aufgegeben hat, der echte Beschädigungskampf mit gefährlichen Rammstößen auf die Flanken

des Gegners ein. Da der Verlierer in der Natur aber sofort das vom Sieger beanspruchte Territorium verlässt und jener ihn nur auf kurze Distanz verfolgt, ist das Leben des unterlegenen Fisches nicht bedroht. Im Aquarium dagegen, wo der Verlierer nicht aus dem Blickfeld des Siegers verschwinden kann und auf diesen notwendigerweise ständig als Auslöser neuer Kampfreaktionen wirkt, folgt dem Kommentkampf der Vernichtungskampf, und der Artgenosse kann sogar getötet werden.

In einem geräumigen Aquarium, in dem eine Gruppe von Segelflossern zusammen lebt, lässt sich fast immer eine sogenannte Rangordnung beobachten. Ihre Ausbildung ist ein Mechanismus, der bei Buntbarschen, die in Gruppen leben, auftretende Aggressionen neutralisiert und damit die Häufig-

keit der Kämpfe herabsetzt. Nur wenige Auseinandersetzungen genügen, um die Rangordnung herzustellen. Sie reguliert für längere Zeit die Beziehungen zwischen den Fischen, die gemeinsam in einem Gebiet leben. Da Buntbarsche ein gutes Gedächtnis haben, lernen sie einander in kleinen Gruppen kennen, so dass frühere Auseinandersetzungen bei künftigen Begegnungen das Verhalten der Fische regulieren können. Die Erfahrungen lehren die Tiere, welche Individuen sich einschüchtern lassen und welche stärker und demzufolge zu respektieren sind. Schließlich kennt jeder Buntbarsch genau den Platz, den er in der Gruppe einnimmt. Innerhalb der auf diese Weise entstandenen Hierarchie gibt es fast immer einen ranghöchsten Fisch, meist ein Männchen, dem alle anderen

Segelflosser sind Offenbrüter, sie laichen vorzugsweise an vertikalen Oberflächen

aus dem Wege gehen. Außerdem gibt es natürlich ein rangtiefstes Individuum, das kaum noch Rechte hat. Nicht immer ist die Rangordnung völlig einreihig, denn manchmal bestehen auch Dreieckverhältnisse, oder die unteren Bereiche der Hierarchie sind nicht mehr gegliedert.

Bei der Aufrechterhaltung der Rang- oder Hackordnung spielen neben den bereits beschriebenen Drohgebärden auch sogenannte Beschwichtigungsgesten eine wichtige Rolle. Ein kurzes Drohen des ranghöheren Fisches genügt fast immer, um den Rangniederen in seine Schranken zu weisen. Dessen Demutsgebärde als Zeichen der Unterwerfung blockiert andererseits den Aggressionstrieb des Überlegenen. Typisch für die

Demutshaltung der Segelflosser ist eine leicht schräge, mit dem Kopf nach oben gerichtete Körperhaltung, ein Anlegen der Flossen und Verblassen der Farben.

Nachwuchs

Ein besonders charakteristisches gemeinsames Merkmal aller Buntbarsche besteht darin, daß sie über verschiedene sehr wirkungsvolle instinktgesteuerte Methoden verfügen, um ihre Nachkommen vor schädlichen Umwelteinflüssen, insbesondere vor deren Fressfeinden, zu schützen. Diese Verhaltensweisen, die dem Schutz und der Versorgung der Eier, Larven und Jungfische dienen, werden unter dem Begriff „Brutpflege" zusammengefasst. Unter Brutfürsorge versteht man dagegen alle Maßnahmen der Eltern, die geeignet sind, die zukünftige Entwicklung der Nachkommen zu fördern. Zu diesen Tätigkeiten gehören die Auswahl, Vorbereitung und Erhaltung einer Stelle, die für die Ablage der Eier und Larven besonders geeignet ist, die Schutz bietet und später ausreichend Nahrung verspricht. Am stärksten gefährdet durch Fressfeinde und schädliche Umwelteinflüsse sind naturgemäß die frühen Entwicklungsstadien der Brut, da diese ihrer Umwelt völlig hilflos ausgeliefert sind. Damit der Bestand einer Tierart gesichert bleibt, muss deshalb entweder eine besonders hohe Zahl von Nachkommen die zu erwartenden Ausfälle wieder ausgleichen, oder es muss durch geeignete Mittel dafür Sorge getragen werden, dass die Verluste durch Feinde oder widrige Umwelteinflüsse möglichst gering gehalten werden. Bei Segelflossern ist vor allem die zweite der beiden Möglichkeiten realisiert worden.

Besonders bemerkenswert ist die Brutpflege der Segelflosser, weil sich die Fischbrut in den ersten Tagen und Wochen ihres Lebens äußerlich kaum von den Lebewesen zu unterscheiden scheint, die von den Eltern als Nahrung bevorzugt werden. Buntbarsche können jedoch meist artfremde von arteigenen Jungen unterscheiden und fressen im Normalfall nicht die eigenen Nachkommen auf. Die Brutpflege ist ein instinktiv gesteuertes Verhalten. Dem angeborenen, zweckmäßigen Verhalten der brutpflegenden El-

Erst nachdem das Weibchen seine Eier gelegt hat, werden sie vom Männchen besamt

tern entsprechen seitens der Brut ebenfalls instinktgesteuerte Verhaltensweisen sowie chemische und optische Signale, die als motivierende, auslösende und richtende Reize das Pflegeverhalten der Elternfische bewirken und zugleich aggressionshemmend sind. Meist werden die angebotenen Verhaltensweisen sowohl der Eltern, als auch der Brut, durch Lernvorgänge ergänzt.

Nach dem von ihnen jeweils gewählten Ablageplatz der Eier und den sich daraus notwendi-

gerweise ergebenden unterschiedlichen Brutpflegeformen teilt man die Buntbarsche in Offenbrüter, Höhlenbrüter und Maulbrüter ein. Aus der Tatsache, dass alle Cichliden eine Brutpflege betreiben, ergibt sich notwendigerweise, dass entweder beide Eltern oder zumindest

ein Elternteil mit der Brut für einige Zeit zusammenleben muss, das heißt, es wird eine Familie gebildet. Alle Segelflosser sind Offenbrüter und leben während der Brutpflege in einer sogenannten Elternfamilie zusammen. Diese Familienform, die vor allem bei den typischen Offenbrütern häufig ist, unterscheidet sich von anderen dadurch, dass sich die beiden Eltern ohne Unterschied an der Brutpflege beteiligen. Die Rolle von Männchen und Weibchen ist bei dieser Form der Brutpflege also identisch.

Skalare produzieren ebenso, wie andere Offenbrüter, im Vergleich zu Buntbarschen mit anderen Formen der Brutpflege sehr große Gelege mit zahlreichen Eiern. Das Gelege wird von ihnen nicht versteckt, sondern frei zugänglich an Ästen, Baumwurzeln oder auf Pflanzenblättern oder anderen Substraten angeheftet und ist deshalb für Räuber gut sichtbar. Trotz einer Anzahl wirksamer Schutzmechanismen ist anzunehmen, dass bei den Nachkommen von Offenbrütern die Verlustrate beträchtlich ist. Vor allem in der Zeitspanne zwischen dem Ablaichen und dem Aufschwimmen der Jungfische, die meist eine gute Woche beträgt, werden vermutlich viele Bruten vernichtet.

Damit das Gelege nicht auffällt, ist es gewöhnlich tarnfarbig, unscheinbar graubraun gefärbt und mehr oder weniger

durchsichtig. Da die Eier bei Offenbrütern immer zahlreich sind, besitzen sie eine entsprechend geringe Größe. Kleine Eier haben gegenüber dotterreichen Eiern den Vorteil, dass die Zeit zwischen dem Ablaichen und dem Freischwimmen der Jungtiere, während der die Brut besonders gefährdet erscheint, verhältnismäßig kurz ist. Ein geringer Dottervorrat bedingt aber andererseits, dass die Jungfische vergleichsweise klein, unentwickelt und schutzbedürftig sind, wenn sie schlüpfen, und deshalb häufiger ihren Feinden zum Opfer fallen.

Die Wirkung dieser die Überlebenschancen der Brut verringernden Faktoren wird aber durch die bei Offenbrütern besonders intensive Brutpflege der Eltern relativiert, die einen besonders wirksamen Schutz des Geleges und der Jungfische gewährleistet. Ein charakteristisches Merkmal der Offenbrüter ist es nämlich, dass sich die beiden Fortpflanzungspartner in einer Elternfamilie gleichermaßen an der Pflege und Vertei-

*Alle Zucht-
formen von
Pterophyllum
scalare zeigen
das gleiche
Fortpflanzungs-
verhalten*

digung von Laich und Jungen beteiligen. Alle Segelflosser sind deshalb streng monogam, und die Partnerbindung bleibt vielfach auch außerhalb der Laichzeit bestehen, so dass die Paare über mehrere Laichperioden hinweg zusammenbleiben. Während der Brutpflege ist eine Arbeitsteilung zwischen Männchen und Weibchen entweder nur andeutungsweise oder gar nicht vorhanden. Da die meisten Offenbrüter zu den großen Cichliden gehören und entsprechend wehrhaft sind, ist es ihnen möglich, die Mehrzahl der Freßfeinde erfolgreich von ihrer Brut fernzuhalten.

Bezeichnend für Offenbrüter ist ferner, dass es bei ihnen keinen sekundären Sexualdimorphismus gibt, das heißt, Männchen und Weibchen sind äußerlich nur schwer oder überhaupt nicht voneinander zu unterscheiden. Darum erkennen auch die Fische das Geschlecht eines Artgenossen nur an seinem Verhalten während der sich über eine vergleichsweise lange Zeitspanne erstreckenden Balz, an der sich die Männchen und die Weibchen beteiligen.

Im Gegensatz zu beinahe allen anderen Offenbrütern bevorzugen Segelflosser als Laichsubstrat keinen waagerechten Untergrund in Bodennähe, sondern mehr oder weniger senkrechte Flächen in einiger Entfernung vom Gewässergrund. Diese Eigenart erklärt sich aus dem Umstand, dass die meisten Ge-

wässer, die den natürlichen Lebensraum der Fische bilden, entweder lehmig-trüb oder tiefbraun gefärbt sind, so dass der Boden bereits bei einem Wasserstand von einem guten Meter, der vom Skalar beanspruchten Mindesttiefe, im allgemeinen kaum noch vom Licht erreicht wird.

Im Aquarium laichen die Fische an Moorkien- oder anderen Wurzeln, auf großflächigen Blättern, beispielsweise von Schwertpflanzen, auf senkrechten Steinplatten oder sogar an einer Scheibe des Aquariums. Es zeigt sich jedoch immer wieder, dass weichblättrige Wasserpflanzen für den Skalar kein geeignetes Laichsubstrat darstellen. Durch das intensive Putzen der Fische wird fast immer die Oberfläche derartiger Blätter beschädigt, so dass sie löcherig werden und zerfallen, oft schon bevor die Brut geschlüpft ist. In ihren natürlichen Lebensräumen laichen die Segelflosser wahrscheinlich auf in die Gewässer gefallenen Baumwurzeln, Ästen und Zweigen oder die Eier werden auf den meist derben, lederartigen Blättern

von Büschen und Bäumen der Ufervegetation abgelegt, die während der Hochwasserzeit meterhoch vom Wasser bedeckt sind.

Die Paarbildung beginnt häufig erst rund eine gute Woche, bevor die Fische laichen. Anzeichen für die Laichstimmung der Skalare sind ein ganz typisches Balzverhalten und das intensive Putzen von Laichplätzen. Zu den auffälligsten Balzhandlungen, mit denen Männchen Weibchen um einander werben, zählt neben dem Breitseitimponieren und Schwanzschlagen das sogenannte Führungsschwimmen, bei dem ein Fisch mit weit ausholenden Schlängelbewegungen vor dem Partner schwimmt, wobei die Brustflossen bremsen, so dass die Fortbewegung auffällig langsam erfolgt. Am Anfang der Balz erscheint das Führungsschwimmen häufig noch ungerichtet. Später führt es jedoch zum künftigen Laichplatz, um den Partner dorthin zu locken.

Nach dem schlüpfen werden die Larven auf einem Blatt abgelegt und mit ihren Klebedrüsen befestigt (siehe Blattrand)

Beim Putzen stehen die Fische – meist mit leicht nach oben gerichtetem Kopf – vor dem späteren Laichsubstrat, um es unter nippenden oder raspelnden Bewegungen mit den Lippen zu bearbeiten. Beim sogenannten Rüttelputzen, bei dem das Schnappen fehlt, bewegen sich die Fische mit geöffnetem Maul unter Rütteln des Körpers, das durch die heftig schlagende Schwanzflosse ausgelöst wird, über dem Laichsubstrat. Bereits einige Stunden vor der eigentlichen Paarung tritt die Genitalpapille hervor, die beim Weibchen stets kürzer und dicker als beim Männchen und das einzige verlässliche Merkmal für die Unterscheidung der Geschlechter ist. Vor dem Ablai-

chen erfolgen einige Scheinpaarungen, bei denen sich die Fische abwechselnd probeweise mit der Körperunterseite über das künftige Laichsubstrat bewegen.

Die leicht bräunlichen oder gelblichen glasigen Eier, die in kleinen Schüben abgelegt werden, heftet das Weibchen meist von unten nach oben auf das Substrat, seltener in umgekehrter Richtung. Die Eier sind etwas über einen Millimeter groß und leicht länglich geformt. Die Pausen zwischen den einzelnen Eiablagen werden vom Männchen zum Besamen benutzt. Sobald das Weibchen einige Eier auf dem Stein angeheftet hat, gibt es den Platz frei, und das Männchen bewegt sich über das Gelege. Die Gesamtzahl der Eier, die vom Ernährungszustand des Weibchens abhängt, kann weit über zweihundert Stück erreichen. Harmonierende Paare nehmen unmittelbar nach dem Ende des Laichvorganges, der bis zu zwei Sunden dauern kann, die Brutpflege auf.

Hierbei wechseln beide Partner einander regelmäßig ab. Die Ablösung vollzieht sich nach einem Zeremoniell. Meist genügt die Annäherung des Partners in Imponierhaltung, und das pflegende Tier gibt den Platz am Gelege frei. Beide Fische schwimmen dann unter einem angedeuteten Schwanzschlag aneinander vorbei. Gelegentlich ist der pflegende Fisch noch nicht zur Ablösung bereit. Das andere

Tier verschafft sich dann mit mehr oder weniger sanften Rammstößen Zugang zur Brut. Im Unterschied zu vielen anderen Cichliden zeigt der Skalar während der Brutpflege keine besondere Brutpflegefärbung.

Die Brutpflege besteht anfangs vor allem darin, dass jeweils einer der beiden Fische neben dem Laich steht und ihm mit typischen weit ausholenden Bewegungen der dem Gelege zugewandten Brustflosse einen ständigen Strom von Frischwasser zufächelt. Eier, die schlecht haften und manchmal von der Unterlage abfallen, werden von den Eltern am Boden gesucht oder noch während des Absinkens aufgefangen und auf das Laichsubstrat zurückgespuckt, ein Vorgang, der sich mehrmals wiederholen kann. Immer wieder kann man beobachten, dass die Eltern das Gelege genau untersuchen und abgestorbene Eier, die durch ihre weiße Farbe auffallen, aussaugen, so dass nur die leeren Eihüllen zurückbleiben. Ferner entfernen sie Schnecken und Schmutz aus der Nähe des Geleges. Gelegentlich benutzen die Tiere eine ihrer Brustflossen und streichen damit an den Eiern entlang.

Bei Temperaturen um 26°C schlüpfen die Larven nach etwa 60 Stunden, also nach knapp drei Tagen. Die noch schwimmunfähigen Larven werden, eine nach der anderen, von den Eltern aus der Eihülle herausgekaut und anschließend wieder

auf das Laichsubstrat gespien. Dort bleiben sie mit Hilfe ihrer am Kopf befindlichen sechs Haftdrüsen kleben und bilden einen dichten Haufen. Zu diesem Zeitpunkt, vielfach aber auch schon früher, putzen die Eltern an anderer Stelle erneut. Nach einiger Zeit, meist noch am Abend des gleichen Tages, wird die gesamte Brut zu jenem neuen Ort gebracht und dort wieder angeheftet. An diesem Umzug beteiligen sich stets beide Eltern. Auch das zusammengeballte Knäuel der heftig mit dem Schwanz schlagenden Larven wird, wie vorher der

Pärchen bei der Pflege älterer Larven

Nach Verbrauch des Dottersackes lösen sich die kleinen Skalare unter elterlicher Obhut vom Substrat

Laich, von beiden Fischen intensiv befächelt und bewacht. Einzelne Jungtiere, die den Halt verlieren, werden von den Eltern ins Maul genommen und wieder in die Traube der Geschwister gespuckt. Das geschieht besonders häufig gegen Ende der Larvenzeit, wenn die Bewegungen der Jungfische kräftiger werden und die Klebkraft der Kopfdrüsen offenbar nachlässt. Etwa vier Tage nach dem Schlupf schwimmen die Jungtiere frei und nehmen erstmals Futter auf, zum Beispiel die frisch geschlüpften Larven des Salinenkrebses *Artemia salina*. Der Schwarm der

Jungen wird von beiden Eltern weiterhin betreut und verteidigt.

Am ersten und zweiten Abend ihres Freischwimmens werden die Jungen von den Eltern wieder eingesammelt und meist an der Unterseite eines Blattes in einer dichten Traube angeheftet. Dabei richten sich die Fische nach ihrer inneren Uhr, denn diese Handlungen erfolgen völlig unabhängig von den Lichtverhältnissen. Auch an den darauf folgenden Tagen versuchen die Elternfische, ihre Brut bei Anbruch der Dämmerung auf diese Art „zu Bett zu bringen". Da die Klebwirkung der Haftdrüsen aber deutlich zurückgeht, sammeln sie den Schwarm der Jungfische in einer geschützten Ecke des Aquariums

Die jungen Skalare zeigen anfangs die für alle Cichliden schlanke Körperform. Erst nach zwei bis drei Wochen entwickelt sich ihre typische Gestalt. Bei reichlicher Fütterung sind sie schnellwüchsig. Zweieinhalb Zentimeter große Tiere, das heißt in der Größe eines Markstücks, können ihre Länge innerhalb eines Monats verdoppeln. Die Geschlechtsreife tritt bereits nach einem knappen Jahr ein.

Obwohl es keine Schwierigkeiten bereitet, Segelflosser zu pflegen, stellt die erfolgreiche Nachzucht dieser Cichliden im Aquarium doch immer ein besonderes Ereignis dar, insbesondere bei *Pterophyllum altum.*

Selbst langjährige Erfahrungen in der Fischzucht und große Sorgfalt bilden keine Garantie für ihr Gelingen. Auch wenn es endlich zum Ablaichen der Fische kommen sollte, bedeutet das keineswegs, dass die Zucht gelungen ist, denn leider ist der beschriebene normale Ablauf der Brutpflege nicht die Regel. Das gesamte Fortpflanzungsver-

Die wenige Tage alten Jungfische bewegen sich unter der Obhut der Eltern im Schwarm durch das Aquarium

Die Brutpflege dauert mehrere Wochen, bis die Jungfische richtige kleine Segelflosser sind

halten der Segelflosser unterliegt dem Einfluss zahlreicher Faktoren und ist daher entsprechend anfällig bei Störungen. In den meisten Fällen scheitert die erfolgreiche Aufzucht der Brut daran, dass die Eier nach einiger Zeit aufgefressen werden. Da sich die genaue Ursache eines derartigen Fehlverhaltens meist einer Analyse entzieht, bleibt dem Aquarianer, der Segelflosser nicht nur erfolgreich pflegen, sondern auch züchten möchte,

nur übrig, den Fischen möglichst optimale Lebensbedingungen zu bieten. Das bedeutet, dass er neben einer abwechslungsreichen Ernährung und der peinlichen Beachtung von Maßnahmen der Wasserhygiene, um eine Anreicherung von Stoffwechselprodukten und Bakterien im Aquarium vorzubeugen, auch der Wasserbeschaffenheit größte Aufmerksamkeit schenken und sich bemühen muss, die wichtigsten Parameter des Aquariumwassers den Verhältnissen in den natürlichen Gewässern anzupassen, aus denen die gepflegten Segelflosser stammen.

Ein weiteres nicht unerhebliches Hindernis bildet bei Zuchtversuchen häufig der Umstand, dass sich die Geschlechtszugehörigkeit bei Segelflossern nur unter größten Schwierigkeiten ermitteln lässt. Eine einigermaßen zuverlässige Bestimmung der Geschlechter scheint bei diesen Fischen aber nicht nur allein durch einen Vergleich der bei Männchen und Weibchen unterschiedlich aussehenden Genitalpapillen, sondern auch durch die Beobachtung ihrer Verhaltensweisen möglich zu sein. Junge Männchen, die früher territorial werden als Weibchen, beantworten das Drohen oder Imponieren eines Revierbesitzers im allgemeinen mit Schwanzschlägen und einer Intensivierung ihrer Färbung, während Weibchen dem Kontrahenten eher den aufwärts ge-

Jungtier eines Zebra-Skalars

neigten Kopf zuwenden, wobei ihr Streifenmuster mehr oder weniger verblasst oder sogar verschwindet. Dieses Verhalten der Weibchen ähnelt der für alle Segelflosser charakteristischen Beschwichtigungsgebärde, bei der dem Gegner mit angelegten Flossen die Kehle entgegengehalten wird.

Zuchtformen

Von allen Aquariumfischen, die sich einer größeren Beliebtheit erfreuen, im Aquarium leicht zu vermehren sind und deshalb von Berufszüchtern für den Zoofachhandel kommerziell in

oben:
Marmorierter
Schleierskalar,
unten:
Halbschwarzer
Skalar

großen Mengen aufgezogen werden, gibt es Zuchtformen, die sich in ihrer Färbung, Beflossung oder Körperform mehr oder weniger von den Wildformen unterscheiden, aus denen sie einmal hervorgegangen sind. Seitdem der Mensch begonnen hat, Wildtiere in seine Obhut zu nehmen und zu domestizieren, hat er auch versucht, diese Arten gemäß seinen jeweiligen Vorstellungen und Bedürfnissen zu verändern. Obwohl nur wenige Fische zu den echten Haustieren zu rechnen sind, bilden sie in dieser Hinsicht keine Ausnahme.

Durch die Nutzung spontan aufgetretener Mutationen, deren

Wahrscheinlichkeit mit der Zahl der erzielten Nachkommen zunimmt, und durch die planmäßige Auswahl der für die Zucht verwendeten Individuen ist es im Laufe der Zeit auch beim Skalar gelungen, sowohl seine ursprüngliche Färbung, als auch seinen Habitus erheblich zu verändern und eine Vielzahl verschiedener Zuchtformen zu schaffen. Die Ziele der Züchter bestanden einerseits in der erbfesten Veränderung der für Wildpopulationen des Skalars typischen dunklen Zeichnungen durch eine Vermehrung oder Verminderung der schwarzen Pigmente sowie durch eine Abänderung ihres ursprünglichen Verteilungsmusters. Andererseits wurde aber auch eine Veränderung der normalerweise silbrigweißen Grundfärbung des Körpers sowie eine schleierförmige Vergrößerung der unpaaren Flossen, insbesondere der Schwanzflosse, angestrebt. Zu der nur noch schwer überschaubaren Formenvielfalt trug schließlich nicht unwesentlich bei, dass auch verschiedene Zuchtformen von den Züchtern erneut miteinander gekreuzt wurden, um weitere Varianten zu erzeugen.

Ein teilweiser oder völliger Ausfall der schwarzen Pigmente führte unter Verlust des typischen Streifenmusters zu gefleckten, einfarbig gelblichen oder silberfarbenen Skalaren. Am Ende dieser Entwicklungsreihe stehen dann die weißen, rotäugigen Albinos, für die der völlige Verlust jeglicher Pigmentierung charakteristisch ist. Andererseits entstanden durch eine Vermehrung der schwarzen Zeichnungsmuster auf dem Körper und den Flossen der schwarz gescheckte Marmorskalar, der rußiggraue Rauchskalar sowie ein völlig schwarzer Skalar. Besonders auffällig gefärbte Zuchtformen, die erst in jüngster Zeit herausgezüchtet wurden, sind sogenannte xan-

Schwarzer Skalar

thoristische Formen, bei denen aufgrund eines Ausfalls des schwarzen Melanins die gelben und rötlichen Pigmente besonders verstärkt hervortreten und andere Farbmuster ersetzen. Xanthoristische Formen, die mehr oder weniger einfarbig gelblich, orangefarben oder sogar orangerot aussehen, sind bei

einer ganzen Reihe von Buntbarschen auch aus der Natur bekannt, treten dort jedoch im allgemeinen wegen ihrer Auffälligkeit, die sie zur bevorzugten Beute ihrer Fressfeinden werden lässt, nur äußerst selten auf. Derartige xanthoristische Farbvarianten des Skalars tragen in der Kopfregion oder bei neueren Zuchtformen sogar auf dem gesamten Körper mehr oder weniger großflächige orange oder sogar orangerote Farbzonen.

Viele der heute populären Zuchtformen sind bereits Ende der 50er und Anfang der 60er Jahre in den USA entstanden. Später tauchten neue Formen auch bei Züchtern in Deutschland und vor allem in Asien auf. Die meisten dieser Zuchtformen gehen auf ganz wenige, manchmal aber auch auf nur ein einziges Individuum zurück, das rein zufällig unter einer großen Zahl von Jungfischen aufgetreten ist. Derartige Fische, die sich aufgrund einer Mutation, das heißt einer zufällig erfolgten erbfesten Veränderung ihres Erbgutes, in ihrem Aussehen von ihren Geschwistern auffällig unterschieden, wurden dann von den betreffenden Züchtern – oft aus

kommerziellen Interessen – planmäßig für die Zucht eingesetzt, um möglichst viele weitere Individuen dieser Variante zu erzeugen. Bei dieser Zuchtauslese wurden – in einzelnen Fällen über viele Generationen hinweg – immer nur die Exemplare ausgewählt und zur Fortpflanzung gebracht, die erwünschte Farb- oder Körpermerkmale am stärksten zeigten.

Zu den ältesten Zuchtformen des Segelflossers gehört der Schleierskalar, der auf ein einziges mutiertes Männchen zurückgeht, das bereits Mitte der 50er Jahre bei einem Züchter in Gera unter normalen Geschwistern auftrat. Bei dieser Zuchtform sind alle Flossen, insbesondere die Rücken-, Schwanz- und Afterflosse, in unterschiedlichem Ausmaß vergrößert beziehungsweise verlängert. Da der Schleierskalar später mit anderen

Im Unterschied zu den Farbvarianten, die sich von der Wildform nur in der Färbung zu unterscheiden scheinen, sind die
langflossigen Zuchtformen von
Pterophyllum scalare keineswegs
unproblematisch, da sie bereits
in der Nähe sogenannter „Qual-
zuchten" stehen. Mit diesem Begriff werden Zuchtformen ge-
kennzeichnet, die dem Tierschutz
widersprechen, weil die betreffenden Individuen in ihren normalen Lebensäußerungen erheblich beeinträchtigt sind.

Zu den ältesten Zuchtformen
zählt ferner der sogenannte
Rauchskalar, der ebenfalls bereits seit den 50er Jahren bekannt ist. Derartige Fische unterscheiden sich von der Wildform durch eine höhere Zahl
dunkler Farbzellen im Hautge-
webe. Dadurch besitzen sie statt

*Zwei
unterschiedliche
Varianten des
Leopard-Skalars,
rechte Seite:
Marmorskalar
mit unregelmäßi-
gen schwarzen
Flecken und
zudem
verlängerten
Flossen*

Zuchtformen gekreuzt wurde,
existiert er heute in mehreren
verschiedenen Farbvarianten.

Beim Goldskalar ist durch Mutationen die scharze Zeichnung verschwunden

Rauchskalar als ein Elternteil verwendet werden muss.

Im Unterschied zu jenem Schwarzen Skalar ist beim sogenannten Halbschwarzen Skalar die hintere Körperhälfte ab des normalerweise nur angedeuteten vierten Querstreifens einschließlich der Schwanzflosse und hinterer Teile der Rücken- und Afterflosse schwarz gefärbt, während der restliche Körper das unveränderte Farbmuster der Wildform trägt.

Eine andere melanistische Zuchtform ist der sogenannte Marmorskalar. Bei ihr ist das für die Wildform charakteristische regelmäßige schwarzstreifige Muster aufgelöst worden und unter einer Vermehrung der schwarzen Pigmente durch Flecken und Linien unterschiedlicher Größe ersetzt worden, die sich mehr oder weniger regellos auf Körper und Flossen verteilen. Zuchtformen mit nur wenigen schwarzen Flecken werden als Scheckenskalare unterschieden.

Eine ähnliche, aber weit seltener angebotene Zuchtform ist der Leopard-Skalar. Bei dieser Farbvariante ist ebenfalls das regelmäßige Streifenmuster verloren gegangen und wurde durch weniger schwarze Flecken ersetzt, die jedoch im Unterschied zu den Zeichnungen anderer schwarz gefleckten Zuchtformen relativ regelmäßig rund geformt sind.

Der Zebraskalar weist im Unterschied zur Wildform, die ge-

der silbernen eine graue Grundfärbung, die sich in unterschiedlich intensiver Ausprägung zeigen kann. Eine weitere melanistische Zuchtform heißt, da sie fast einfarbig schwarz aussieht, Schwarzer Skalar.

Nach den übereinstimmenden Beobachtungen vieler Züchter leiden alle melanistischen Farbformen des Skalars unter einer mehr oder weniger stark verminderten Vitalität und einer erhöhten Sterblichkeit ihrer Embryonen. Bei der Verpaarung von zwei Schwarzen Skalaren sind überhaupt keine lebensfähigen Nachkommen mehr zu erwarten, weshalb bei der Zucht dieser Mutante immer ein

wöhnlich unterhalb der Rückenflosse nur zwei Querstreifen trägt, dort einen kräftig ausgebildeten zusätzlichen dritten Streifen auf, der aus dem bei der Ausgangsform stets nur andeutungsweise vorhandenen vierten Querstreifen hervorgegangen ist. Unter der Bezeichnung Geister-Skalar werden Zuchtformen angeboten, bei denen zwar die unpaaren Flossen normal gefärbt sind, die aber auf den

oben:
Rotkopfskalar,
unten:
Gelbkopfskalar

oben:
Der Perlmutt-
oder
Perlenskalar ist
eine albinotische
Zuchtform,
unten:
Albino-Skalar
ohne Pigment
mit den
typischen roten
Augen

Körperseiten keinerlei schwarze Zeichnungen oder Muster tragen, sondern dort nur einen bräunlichen bis rußigen Grundton zeigen.

Eine Reihe von Zuchtformen, die sich durch eine besonders auffällige, abweichende Färbung von der Wildform des Skalars unterscheiden, ist dadurch entstanden, dass diese Fische infolge einer Mutation die Fähigkeit verloren haben, bestimmte Farbstoffe zu bilden. Die am längsten bekannte dieser Mangelmutanten ist der Goldskalar, bei dem infolge eines Ausfalls der schwarzen die gelblichen Pigmente verstärkt hervortre-

ten. Während der Körper und die Flossen dieser xanthoristischen Form meist silbrig bis gelblich aussehen, tragen Stirn, Nacken und Rücken eine kräftig goldene Färbung. Beim sogenannten Rotkopf-Skalar ist in dieser Region der goldene durch einen rotorangen Farbton ersetzt worden.

Auch die Albinoskalare zählen zu den Mangelmutanten. Ihnen fehlt nicht nur das für die Ausbildung der dunklen Farbmuster wichtige Melanin, sondern sie zeichnen sich darüber hinaus in unterschiedlichem Maße auch durch einen Verlust anderer Pigmente aus. Infolge-

Manche Zuchtformen sind für Deformationen anfällig, hier ein Exemplar mit defektem Kiemendeckel

dessen sind sie rein weiß gefärbt. Zu diesen albinotischen
Zuchtformen gehören der Perl-
mutt-Skalar und der Perlen-
Skalar, deren Körper einen intensiven Silber- oder Perlmutt-
glanz aufweist. Da die Blutge-
fäße des Augenhintergrundes
bei echten Albinos nicht mehr
verdeckt, sondern sichtbar werden, haben sie rote Augen. Weiß-
linge besitzen dagegen schwarze
Augen. Weiße Skalare sind bereits seit den 60er Jahren bekannt. Bei einzelnen albinotischen Zuchtformen des Skalars
treten gehäuft blinde Individuen
auf.

oben:
Rotköpfiger Mar-
morskalar,
unten:
Koi-Skalar

Rechte Seite,
oben:
Roter Skalar,
eine neue
Zuchtform,
unten:
Rotäugiger
Rotkofskalar

62

Ende der 90er Jahre wurde in Kamsdorf in der Zierfischzüchterei Rita WILHELM damit begonnen, beim Rotkopfskalar durch Auslesezucht die orangerot gefärbten Zonen zu vergrößern, um schließlich den Roten Skalar herauszuzüchten, bei dem mehr oder weniger der gesamte Körper einen kräftig orangeroten Farbton zeigt, der an frisch geschälte Karotten erinnert.

Weitere Zuchtformen, die sich ebenfalls auf den Rotkopfskalar zurückführen lassen, sind der Kupferrote Skalar, bei dem nur Kopf und Nacken orangerot aussehen, dessen restlicher Körper jedoch einen kupferfarbenen Glanz zeigt, sowie der Rotkopf-Marmorskalar und der Rote Marmorskalar, der auf orangerotem Untergrund zahlreiche schwarze Flecken unterschiedlicher Größe trägt. Der Koi-Skalar besitzt dagegen auf einer rein weißen Grundfärbung nur wenige schwarze Flecken und einen orangeroten Kopf.

Schließlich wurde in den letzten Jahren durch Zuchtauswahl und Kreuzungsversuche mit dem sogenannten „Peru-Altum" eine blaue Zuchtform geschaffen, deren Körper nicht den Silberglanz der Wildform, sondern einen grünblauen oder hellblauen Grundton zeigt. Meist besitzt der Blaue Skalar ebenso wie der Zebra-Skalar einen zusätzlichen dritten Querstreifen.

Die Einstellung zu den zumindest teilweise attraktiv ge-

färbten Zuchtformen des Skalars, von denen manche sicherlich eine Bereicherung eines
Aquariums bilden können,
hängt jedoch nicht nur von rein
ästhetischen Gesichtspunkten
ab, das heißt von ihrer Ein-
schätzung als schön oder häss-
lich, sondern sie wird heutzu-
tage als Folge der Bedrohung
der in der Natur lebenden Wildformen durch Umweltzerstö-
rungen zugleich auch von ethischen Überlegungen beein-
flusst, die mit unserer Verant-
wortung und unseren ethischen
Verpflichtungen gegenüber Tieren zu tun haben.

oben:
Blauer Skalar
unten:
Falb-Skalar